Obst- und Gartenbauverlag München

Altbewährte Apfel- und Birnensorten

Bayerischer Landesverband für Gartenbau und Landespflege e.V.

Herausgeber:
Bayerischer Landesverband für Gartenbau und Landespflege e.V.
Herzog-Heinrich-Straße 21, 80336 München, Deutschland

E-Mail:
info@gartenbauvereine.org

Internet:
www.gartenratgeber.de

Bearbeitung:
Willi Votteler

Druck und Bindung:
Grafik + Druck digital K.P. GmbH, München

Auflage:
13. Auflage 2021, ISBN 978-3-87596-088-4

Zu diesem Buch

Obst aus dem eigenen Garten zu ernten ist der Wunsch vieler Gartenbesitzer. Die richtige Sortenwahl ist hierzu der erste, aber auch der wichtigste Schritt. Die Broschüre stellt deshalb altbewährte Kernobstsorten vor, die sich vor allem für den Anbau im Hausgarten eignen und die heute wieder im Angebot der Baumschulen zu finden sind.
Die Abbildungen stammen aus dem zum Klassiker gewordenen Werk „Deutschlands Obstsorten", das nach der Jahrhundertwende in der damaligen Königlichen Hofkunstanstalt Eckstein & Stähle, Stuttgart, erschienen ist. Die Nachdruckerlaubnis für die hochwertigen Chromolithographien wurde freundlicherweise von den Firmennachfolgern erteilt.

Man erkennt heute wieder den Wert alter Sorten, die nicht nur süß, sondern auch aromatisch sind. Sie können zumeist noch in raueren Lagen angebaut werden, widerstehen den Schädlingen und Krankheiten besser und kommen mit weniger Schnittmaßnahmen aus als die Sorten des Erwerbsobstbaus.
Die Anbaumöglichkeiten sind vielfältig. Für kleine Gärten bieten sich Spaliere und Buschbäume an. Wer mehr Platz zur Verfügung hat, sollte größer werdende Bäume pflanzen. Ein großkroniger Apfel- oder Birnbaum ist ein hervorragender Hausbaum, er passt aber auch mitten auf die Liegewiese, weil der Platz darunter verfügbar bleibt. Robuste Sorten bereichern in hohem Maße die Feldflur und sollten deshalb bei Pflanzmaßnahmen verstärkt verwendet werden. Die Probleme der richtigen Unterlagenwahl und der Veredlung bleiben dem Gartenbesitzer beim Kauf eines Jungbaumes erspart; das erledigt die Baumschule, wenn man ihr nur sagt, welchen Zweck der Baum erfüllen soll. Einige Schnittkenntnisse sind allerdings erforderlich. Wer sich hier nicht auskennt, dem hilft ein gutes Fachbuch und der Besuch eines Obstbaum-Schnittkurses. Noch besser ist es, Mitglied eines Gartenbauvereins zu werden, wo im Kreis Gleichgesinnter Erfahrungen und Ratschläge ausgetauscht werden.

Bayerischer Landesverband
für Gartenbau und Landespflege e.V.

Inhalt

Altbewährte Apfelsorten

Ananasrenette

Die Sorte ist im letzten Jahrhundert in Holland entstanden.

Eigenschaften der Frucht
Pflückreife: Mitte Oktober
Genussreife: ab November
Haltbarkeit: bis Februar

Die Früchte sind klein oder werden nur mittelgroß. Aus diesem Grund bleibt die Sorte trotz des ausgezeichneten Geschmacks auf den Garten beschränkt. Bei günstigen Bodenverhältnissen ist der Ertrag gleichmäßig. Ein gelegentlicher Korrekturschnitt sollte dafür sorgen, dass nicht zu viele Früchte ausgebildet werden. Das feine, erst etwas abknackende, später mürbe, recht saftige und aromatische Fruchtfleisch macht den Apfel zu einer Spitzentafelsorte.

Blüh- und Befruchtungsverhältnisse
Die Blüte dauert lange an, ist aber etwas witterungsempfindlich. Guter Pollenspender.

Eigenschaften des Baumes
Der Wuchs ist gedrungen, so dass ein Rückschnitt meist entbehrlich bleibt. Der Ertrag setzt früh ein und bleibt regelmäßig. Anbau nur auf guten Standorten mit kräftigem, nahrhaftem Boden, der ausreichend feucht ist. Bei zusagenden Standortverhältnissen auch noch für mittlere Höhenlagen geeignet. Unempfindlich für Schorf, anfällig für Obstmade und Krebs.
Erziehungsformen: Durch die besondere Wuchscharakteristik vor allem für schwach wachsende Unterlagen sowie als Niederstamm geeignet.

Baumanns Renette

Die Sorte wurde um 1800 im Elsass gezüchtet und hat sich damals rasch in Deutschland verbreitet. Der Apfel ist auch heute noch häufig anzutreffen.

Eigenschaften der Frucht
Pflückreife: Oktober
Genussreife: ab Dezember
Haltbarkeit: bis April

Die Früchte eines Baumes variieren in Form und Farbe so stark, dass die Sorte für den erwerbsmäßigen Anbau ausscheidet. Für den Anbau im Garten und auf der Obstwiese ist der Apfel aber weiterhin empfehlenswert, da er um die Weihnachtszeit wertvolles Wirtschafts- und Tafelobst liefert. Hervorzuheben ist die gute Haltbarkeit, ohne dass die Früchte welken. Die Äpfel lassen sich gut pflücken. Sie sind windfest und neigen nur auf trockenen Böden zum vorzeitigen Fallen. Das Fruchtfleisch ist fest, genügend saftig, süßsäuerlich und schwach aromatisch.

Blüh- und Befruchtungsverhältnisse
Die Blüte ist mittelfrüh und ausreichend frostwiderstandsfähig. Guter Pollenspender.

Eigenschaften des Baumes
Der Ertrag setzt früh ein und ist regelmäßig. Da der Gipfeltrieb auf Kosten der Seitentriebe zu starkem Austrieb neigt, müssen die Leittriebe noch mehrere Jahre nach der Anpflanzung kräftig zurückgeschnitten werden. Der Wuchs ist mäßig stark. Die Sorte eignet sich für alle Erziehungsformen. An die Bodenverhältnisse werden keine hohen Ansprüche gestellt. Ausreichende Feuchtigkeit ist für gut ausgebildete Früchte jedoch erforderlich. Auch in höheren Anbaulagen noch zufriedenstellende Erträge. Die Sorte ist schorfanfällig und neigt auf dem Lager zur Stippe.

Berlepsch

Der vollständige Name der Apfelsorte ist 'Goldrenette Freiherr von Berlepsch'. Sie wurde von Grevenbroich im Rheinland gezüchtet. Der 'Rote Berlepsch' entstand später als Knospenmutation.

Eigenschaften der Frucht
Pflückreife: Ende Oktober
Genussreife: ab November
Haltbarkeit: bis Ende März

Die mittelgroßen Früchte sind mehr breit als hoch und haben um die Kelchgrube fünf typische Rippen. Die Fruchtfarbe ist gelb bis goldgelb, sonnenwärts rötlich marmoriert und leicht gestreift.
Das gelbliche, sehr saftige Fruchtfleisch hat ein edles Aroma und einen hohen Vitamin-C-Gehalt. Die Frucht neigt zum Schrumpfen, vor allem wenn sie zu früh geerntet wurde. Ein Teil des Behanges neigt ab September, besonders auf trockenen Böden, zum Vorerntefruchtfall und verleitet zu verfrühter Ernte. Im Hausgarten sollte mehrmals durchgepflückt werden. Die Aufbewahrung in Folienbeuteln hat sich bewährt.

Blüh- und Befruchtungsverhältnisse
Mittelspäte, ziemlich lang anhaltende Blüte. Etwas frostempfindlich. Guter Pollenspender.

Eigenschaften des Baumes
Für gute Anbaulagen, die geschützt und wenig frostgefährdet sind. Mittelstarker Wuchs. Die Fruchtbarkeit beginnt ziemlich früh und ist bei guter Pflege regelmäßig und hoch. Nur geringe Widerstandsfähigkeit gegen Holz- und Blütenfrost. Geringe Anfälligkeit für Schorf. Kaum anfällig für Mehltau.
Erziehungsformen: Nur für Busch und Spalier.

Berner Rosenapfel

Der vollständige Name lautet 'Neuer Berner Rosenapfel'. Die Sorte ist seit 1888 bekannt. Sie wurde in der Schweiz als Sämling im Walde gefunden.

Eigenschaften der Frucht

Pflückreife:	Ende September bis Anfang Oktober
Genussreife:	ab November
Haltbarkeit:	bis Dezember, Obst aus Höhenlagen bis Februar

Die mittelgroßen, hoch gebauten Früchte besitzen eine glatte, feste Schale. Sie ist anfangs gelbgrün und wird anschließend rosa bis leuchtend karmin. Typisch ist die bläuliche Bereifung.
Das Fleisch ist mittelfest und saftig, von süßsäuerlichem, schwach aromatischem Geschmack.

Blüh- und Befruchtungsverhältnisse
Die Blüte hält lange an, sie ist wenig witterungs- und frostempfindlich. Guter Pollenspender.

Eigenschaften des Baumes
Der Wuchs ist zuerst mittelstark und wird dann schwächer. Damit die hohen Erträge nicht zu rascher Vergreisung führen, sind gelegentliche Überwachungsschnitte notwendig. Sind die Böden ausreichend feucht, kann der Anbau auch noch in mittleren und höheren Lagen erfolgen. Der Ertrag setzt früh ein, ist hoch und regelmäßig. Bei hohen Erträgen zeigt sich jedoch eine Neigung zur Kleinfrüchtigkeit.
Der Berner Rosenapfel eignet sich für den Frischverzehr und die häusliche Verarbeitung. Er ist ein beliebter Weihnachtsapfel.
Erziehungsformen: Buschbaum, Spindel, Viertel- und Halbstamm.

Blenheim

Der vollständige Name ist 'Goldrenette von Blenheim'. Die Sorte stammt aus England.

Eigenschaften der Frucht

Baumreife: Mitte Oktober
Genussreife: ab November
Haltbarkeit: bis März. In zu trockenen Lagen schrumpft die Frucht.

Die Früchte sind groß bis sehr groß, mit hellgrüner, später grüngelber Fruchtschale mit rötlichen Streifen. Das Fruchtfleisch ist gelblich weiß, süßsauer, von edlem, nussartigem Geschmack.

Blüh- und Befruchtungsverhältnisse

Der Baum blüht mittelfrüh. Die Blüten sind gegen Witterungseinflüsse wenig empfindlich, sollten aber Windschutz haben. Schlechter Pollenspender. Befruchtersorten: Champagner, Cox, Glockenapfel, Ontario u.a.

Eigenschaften des Baumes

Die Sorte liebt nährstoffreichen, kräftigen Boden in geschützter Lage. Starkes Wachstum führt zu breit ausladenden, großen Kronen. Der Baum benötigt viel Platz. Er verzweigt sich sehr gut und braucht deshalb keine allzu häufigen Schnittmaßnahmen. Gutes Auslichten und Freistellen der Äste ist jedoch notwendig. Die Fruchtbarkeit beginnt spät, bringt dann aber hohe Erträge sehr gleichmäßig entwickelter Früchte. Zu große Früchte sind stippeanfällig. Die Sorte ist ziemlich schorffest.
Wegen des gesunden Wachstums und der geringen Schorfanfälligkeit in windgeschützten Lagen eine sehr wertvolle Sorte für den Hausgarten.
Erziehungsformen: Buschbaum, Viertel- und Halbstamm.

Bohnapfel

Der vollständige Name 'Großer Rheinischer Bohnapfel' zeigt bereits, dass diese alte deutsche Sorte ihren Ursprung im Rheinland hat.

Eigenschaften der Frucht

Baumreife: Mitte bis Ende Oktober
Genussreife: ab Februar
Haltbarkeit: In guten Lagen bis in den Sommer hinein.

Die mittelgroßen, hoch gebauten Früchte haben eine grüne Fruchtschale, die später gelbgrün wird und sonnenwärts rot gestreift ist. Zum Frischgenuss weniger geeignet, wegen des weißlichen Fleisches und der fruchtigen Säure jedoch für Kompott sowie für die Süßmost- und Obstweinverarbeitung sehr geschätzt.

Blüh- und Befruchtungsverhältnisse

Die mittelgroße Blüte ist ziemlich widerstandsfähig. Schlechter Pollenspender. Befruchtersorten: Goldparmäne, Ontario u.a.

Eigenschaften des Baumes

Der stark wachsende Baum ist anspruchslos und reich tragend. Er eignet sich auch noch für rauere Gebiete, jedoch nicht für Nordhänge. Wegen der steil aufwärts wachsenden Kronen auch für Viehweiden geeignet. Bei älteren Bäumen ist eine zeitweise Verjüngung der Krone angebracht. Starke Neigung zum Alternieren. Eine empfehlenswerte Sorte für den extensiven Anbau, die mit wenig Pflegemaßnahmen auskommt.
Erziehungsformen: Viertel-, Halb- und Hochstamm.

Boikenapfel

Die Sorte entstand im Umland von Bremen und wurde 1828 erstmals beschrieben.

Eigenschaften der Frucht
Pflückreife: ab Mitte Oktober
Genussreife: ab Januar
Haltbarkeit: bis Juni und länger

Ein Dauerapfel, der zugleich ein sehr guter Tafel- und Wirtschaftsapfel ist. Die Ernte darf nicht zu früh erfolgen, da sonst ein Qualitätsverlust hingenommen werden muss. Die mittelgroßen bis großen, flachrunden Früchte sind etwas unregelmäßig gebaut. Kennzeichnend sind 5 stark hervortretende Rippen die sich über die ganze Frucht ziehen. Die Fruchtschale ist etwas fettig, ein Merkmal für lange Haltbarkeit. Die Schalenfarbe ist zuerst grasgrün, später grünlichgelb, auf der Sonnenseite meist rot überzogen, weiße Schattenpunkte. Das Fruchtfleisch ist sehr hell, saftig, von erfrischendem, weinsäuerlichem Geschmack.

Blüh- und Befruchtungsverhältnisse
Die Blüte ist witterungsunempfindlich. Guter Pollenspender.

Eigenschaften des Baumes
In der Jugend aufrechter, später mehr breiter Wuchs. Ein Rückschnitt der Kronentriebe ist mehrere Jahre hindurch erforderlich.
Ertragsbeginn mittelfrüh. Da die Erträge nicht übermäßig stark sind, erschöpft sich auch der Baum nicht und kann sehr alt werden.
Die Sorte ist unempfindlich gegen die meisten Krankheiten und Schädlinge. An Boden und Anbaulage werden keine großen Ansprüche gestellt. Der Boden sollte jedoch nicht allzu trocken sein. Die Sorte kann auch noch für Höhenlagen empfohlen werden. Für alle Erziehungsformen geeignet.

Boskoop

Der vollständige Name ist 'Schöner von Boskoop'. Er ist 1856 in Boskoop (Holland) entstanden. Der heute vorwiegend angebotene 'Rote Boskoop' wurde 1923 als Knospenmutation im Rheinland gefunden.

Eigenschaften der Frucht

Baumreife:	Mitte Oktober
Genussreife:	ab Ende Dezember
Haltbarkeit:	bis April. Bei zu trockener Lagerung schrumpft die Sorte leicht.

Die mittelgroßen bis großen Früchte haben eine raue Schale mit mehr oder weniger starkem bräunlichen Rost und sind sonnenwärts leicht gerötet.
Das Fruchtfleisch ist grünlich weiß, von erfrischender Säure. In zu dichten Kronen bleiben die Früchte grün und lassen im Geschmack zu wünschen übrig. Ein regelmäßiger Auslichtungsschnitt ist deshalb empfehlenswert.

Blüh- und Befruchtungsverhältnisse
Der Baum blüht früh bis mittelfrüh und lange anhaltend. Die Blüte ist jedoch gegen Witterungseinflüsse empfindlich. Schlechter Pollenspender, Befruchtersorten: Berlepsch, Rosenapfel, Cox, Glockenapfel, Goldparmäne, James Grieve u.a.

Eigenschaften des Baumes
Der Boskoop verlangt vor allem genügend feuchte, nährstoffreiche Böden und windgeschützte, nicht frostgefährdete Lagen.
Sehr starker Wuchs, breite, große Kronen. Die Fruchtbarkeit setzt spät ein. Für kleine Baumformen weniger geeignet. Das Holz ist etwas frostempfindlich.
Erziehungsformen: Busch, Viertel-, Halb- und Hochstamm.

Champagnerrenette

Eine alte französische Sorte aus der Champagne. Sie wurde schon 1799 beschrieben und 1857 zum Anbau empfohlen.
Doppelnamen: Goldgranater; Mutterapfel; Wachsrenette; Zwiebelapfel.

Eigenschaften der Frucht
Pflückreife: ab Mitte Oktober
Genussreife: ab Dezember
Haltbarkeit: bis in den Sommer und länger

Ein guter Tafel- und sehr guter Wirtschaftsapfel. Die Frucht ist groß, flachrund und gleichmäßig gebaut. Die Rippen verlaufen flach, eine Rippe ist manchmal wie eine Naht verstärkt. Die Schale ist glatt, fettig, zuerst grüngelb, später wachsgelb. Häufig ist die Sonnenseite rosa getönt. Gelegentlich kommen Rostflecken vor. Das Fruchtfleisch ist fest, saftig, sehr hell, wenig gewürzt, mit erfrischender Säure. Die Säure wird während des Lagerns abgebaut.

Blüh- und Befruchtungsverhältnisse
Die Blüte erscheint spät, hält lange an und ist wenig empfindlich. Guter Pollenspender.

Eigenschaften des Baumes
Der Baum wächst mittelstark und verzweigt sich gut. Ein zweimaliger Rückschnitt genügt meist zum Kronenaufbau. Anbau auf nährstoffreichen, ausreichend feuchten und lockeren Böden. Die Sorte ist nicht geeignet für kalte, trockene und nasse Lagen. Bei ausreichender Wärme auch noch in mittleren Höhenlagen anbaufähig. Der Ertrag setzt früh ein und ist regelmäßig. Die Ertragsmenge bleibt durchschnittlich. Eine gute Dauersorte für Hausgärten und Obstwiesen. Die Sorte eignet sich sehr gut für kleine Baumformen, für Spaliere und Hecken. Wenig krankheitsanfällig, nur auf nassen Standorten durch Krebs gefährdet.

Cox Orange

Der vollständige Name ist 'Cox' Orangen Renette'. Die Sorte wurde 1830 von M. R. Cox in England gewonnen. Verschiedene Abarten sind inzwischen entstanden.

Eigenschaften der Frucht

Baumreife:	Anfang September bis Mitte Oktober
Genussreife:	ab Ende Oktober
Haltbarkeit:	3-4 Monate, Früchte aus Höhenlagen auch 5 Monate.

Mittelgroße, ebenmäßig geformte Früchte. Die Schale ist sonnenseits leicht rötlich gestreift, mit gelblicher Grundfarbe. Sie fühlt sich etwas rau an. Gelbliches Fruchtfleisch von sehr edlem Aroma. Bei ungünstiger, stark wechselnder Witterung werden die Früchte leicht rissig. Vor allem die größeren Früchte sind stippeempfindlich.

Blüh- und Befruchtungsverhältnisse

Der Baum blüht mittelfrüh bis spät und lang anhaltend. Guter Pollenspender.

Eigenschaften des Baumes

Der Baum ist anspruchsvoll und verlangt für befriedigende Ertragsleistungen nährstoff- und humusreichen, genügend feuchten Boden in nicht frostgefährdeter Lage. Der Wuchs ist mittel bis schwach; besonders im Haupterttragsstadium ist ein regelmäßiger Überwachungsschnitt empfehlenswert. Der Ertrag setzt früh ein, ist regelmäßig, wenn auch nicht besonders hoch. Das Holz ist frostempfindlich. Daher Standorte mit schlechter Holzausreife vermeiden. Empfindlich für Kali- und Magnesiummangel. In trockenen Lagen mehltauanfällig. Wird auch von Wühlmäusen bevorzugt.

Erziehung am besten als kleine Baumform: Buschbaum oder Viertelstamm.

Croncels

Der 'Apfel von Croncels' entstand 1869 in Frankreich.

Eigenschaften der Frucht

Pflückreife: Ende August bis Mitte September
Genussreife: ab September
Haltbarkeit: bis Oktober

Die mittelgroßen bis sehr großen, kugeligen Früchte haben eine schwach fettige, feste Schale. Die grünlich gelbe Grundfarbe wird bei der Reife verwaschen hellorange überdeckt. Das saftige, süßsäuerliche Fruchtfleisch hat auf guten Standorten einen feinaromatischen Geschmack. Die Früchte sind etwas druckempfindlich, die Ernte erfordert deshalb Sorgfalt. Ein Vorerntefruchtfall verleitet zu verfrühter Ernte. Unreif abgenommene Früchte reifen aber nicht nach und bleiben geschmacklich wertlos. Die Ernte sollte deshalb erst bei voller Baumreife erfolgen. Der 'Apfel von Croncels' muss rasch verbraucht werden, da er bei Überlagerung mehlig wird, schrumpft und ein Abbau von Saft und Geschmack stattfindet.

Blüh- und Befruchtungsverhältnisse

Die lang anhaltende Blüte ist wenig frost- und witterungsempfindlich. Guter Pollenspender.

Eigenschaften des Baumes

Die besten Fruchtqualitäten erhält man bei durchlässigen, auch leichten, jedoch mit Nährstoffen gut versorgten Böden. Die Sorte ist wenig frostgefährdet, leidet jedoch unter Schorfempfindlichkeit und Windfälligkeit. Der Wuchs ist anfangs stark, später mittelstark. Ein sorgsamer Aufbau- und Überwachungsschnitt ist notwendig.
Erziehung: Für alle Stammlängen geeignet.

Danziger Kantapfel

Eine sehr alte Sorte, die aus Deutschland oder Holland stammt.

Eigenschaften der Frucht
Baumreife: Mitte Oktober
Genussreife: Mitte Oktober
Haltbarkeit: bis Januar

Mittelgroße, gerippte Früchte mit typischer scharfer Naht auf der einen Fruchthälfte. Das anfangs trübe Rot wird bei der Reife leuchtend. Die Frucht erscheint wie mit einer glänzenden Fettschicht überzogen. Dadurch sehr gut lagerfähig. Wegen der Druckempfindlichkeit ist jedoch eine sorgfältige Ernte notwendig.

Blüh- und Befruchtungsverhältnisse
Die Blüte beginnt spät und ist von langer Dauer. Durch die großen, rosa gefärbten Blüten sehr zierend. Gegen Kälte und Nässe unempfindlich. Guter Pollenspender.

Eigenschaften des Baumes
Der Danziger Kantapfel gehört zu den anspruchslosen Sorten. Für raue Höhenlagen noch gut geeignet. Gedeiht auf allen Böden. Unbefriedigende Ergebnisse nur auf trockenem Sandboden.
Da die oft unterschiedlich großen Früchte beim Selbstversorgeranbau nicht stören, eine vor allem wegen ihrer langen Genussreife empfehlenswerte Sorte.
Erziehung: Vorwiegend höhere Stammformen.

Gelber Bellefleur

Die Sorte entstand Ende des 18. Jahrhunderts in New Jersey/USA.
Doppelnamen: Blumenkalvill, Metzgerapfel, Weidenapfel.

Eigenschaften der Frucht
Pflückreife: Ende Oktober
Genussreife: ab November
Haltbarkeit: bis März

Ein edler Tafelapfel, der auch für die Verwertung geeignet ist. Die Frucht ist mittelgroß bis groß und ungleichmäßig gebaut. Die glatte, glänzende und etwas fettige Fruchtschale ist zuerst grünlich gelb, später hell zitronengelb. Zur Reifezeit häufig auch leicht gerötet. Die zahlreichen hellbraunen und weißlichen Schalenpunkte haben auf der Sonnenseite meist einen roten Hof. Das Fruchtfleisch ist gelblich weiß, mit grünen Adern durchzogen. Angenehmer renettenartiger Geschmack.

Blüh- und Befruchtungsverhältnisse
Die Blüte erscheint mittelfrüh und ist nur von kurzer Dauer. Manchmal Schäden durch Nässe und Spätfröste. Guter Pollenspender.

Eigenschaften des Baumes
Der Baum wächst schwach bis mittelstark und ist auffallend dünntriebig. Deshalb sollte mehrere Jahre hindurch ein Aufbauschnitt zur Erziehung einer kräftigen Krone durchgeführt werden. Später sind die dünnen Ruten im Bauminnern regelmäßig auszulichten. Die Sorte gedeiht vor allem auf feuchteren Standorten. Sie ist bei zusagendem Boden auch noch für höhere Anbaulagen geeignet. Der Ertrag ist regelmäßig, aber nicht sehr hoch. Etwas anfällig für Schorf, Mehltau und Krebs. Für alle Erziehungsformen geeignet.

Gelber Edelapfel

Ursprünglich hieß der Apfel 'Golden Noble'. Er wurde um 1800 in einem Garten in Downham/England gefunden.

Eigenschaften der Frucht
Pflückreife: Mitte September
Genussreife: ab September/Oktober
Haltbarkeit: bis Januar

Die mittelgroßen bis großen Früchte zeichnen sich durch ein außergewöhnliches Ebenmaß aus. Die glatte Schale ist dünn und leicht abziehbar. Die gelbgrüne bis zitronengelbe Farbe ist bei der Reife hellorange bis hellkarmin überhaucht und von feinem Duft. Das hellgelbe Fruchtfleisch schmeckt typisch weinsäuerlich, ist zart aromatisch und hat einen hohen Gehalt an Vitamin C.

Blüh- und Befruchtungsverhältnisse
Die lang andauernde Blüte ist witterungsunempfindlich. Guter Pollenspender.

Eigenschaften des Baumes
Die Sorte kann bis in Höhenlagen angebaut werden. Es eignen sich alle mit ausreichend Nährstoffen versorgte, durchlüftete Böden. Die Frostempfindlichkeit ist gering, nur an ungeeigneten Standorten ist der Baum etwas schorf- und krebsanfällig.
Der Wuchs ist mittelstark. Typisch sind die zahlreichen schlafenden Augen der starken Triebe. Nach dem Aufbauschnitt ist nur gelegentlich auszulichten. Verjüngungsschnitte werden erst spät notwendig, da der Trieb nicht zur Vergreisung neigt. Wegen der Starktriebigkeit weniger für Obsthecken verwendbar.
Weniger für den Frischverzehr, sonst für alle Verwertungsarten hervorragend geeignet.
Erziehungsformen: Für alle Stammlängen geeignet.

Geflammter Kardinal

Eine früher weit verbreitete, sehr alte Apfelsorte, die wahrscheinlich aus Deutschland stammt.

Eigenschaften der Frucht
Baumreife: Mitte September
Genussreife: Oktober
Haltbarkeit: bis Februar

Die mittelgroßen bis großen Früchte sind sehr unregelmäßig geformt, meist jedoch mehr breit als hoch. Typisch sind die über den ganzen Apfel verlaufenden Kanten. Die hellgelbe Grundfarbe ist mit flammendroten Streifen überzogen. Etwas fettige Schale. Das grünlich bis gelblich weiße Fruchtfleisch ist von erfrischendem Geschmack.

Blüh- und Befruchtungsverhältnisse
Die Blüte beginnt früh und hält lange an. Sie ist gegen äußere Einflüsse widerstandsfähig. Guter Pollenspender.

Eigenschaften des Baumes
Die Sorte ist breit anbaufähig und gedeiht auch noch auf ungünstigen Standorten. Sowohl feuchte oder trockene als auch leichte oder schwere Böden sind geeignet. Die Bäume können sehr alt werden und eignen sich deshalb auch zum Anbau in der Feldflur. Widerstandsfähig gegen Schädlinge und Krankheiten.
Erziehung: Vorwiegend Viertel-, Halb- und Hochstamm.

Gewürzluikenapfel

Der 'Gewürzluikenapfel' ist eine alte, in Württemberg seit langem bekannte Sorte.

Eigenschaften der Frucht
Baumreife: Mitte bis Ende Oktober
Genussreife: ab Dezember
Haltbarkeit: bis März

Die mittelgroßen bis großen Früchte sind meist breit gebaut und haben nur wenige Erhebungen und Kanten. Die glatte und feste Schale ist zur Zeit der Baumreife gelblich grün, wird später strohgelb und lebhaft rot marmoriert.
Die Frucht hat einen angenehmen und kräftigen Geruch. Das weiße, saftige Fruchtfleisch schmeckt säuerlich, hat aber genügend Süße und einen ausgeprägten würzigen Geschmack.

Blüh- und Befruchtungsverhältnisse
Die Blüte ist mittelfrüh, lange anhaltend und wenig empfindlich. Guter Pollenspender.

Eigenschaften des Baumes
Der stark wachsende, langlebige Baum benötigt nur in den ersten Jahren Schnittmaßnahmen. Die Jungtriebe verästeln sich außergewöhnlich stark. Die Sorte ist ziemlich anspruchslos, sollte aber wegen der hohen Ertragsleistung auf gutem Boden stehen. Der Anbau ist in mittleren Höhenlagen noch möglich.
Mehr Wirtschafts- als Tafelapfel, der sich für alle Verarbeitungsverfahren sehr gut eignet, insbesondere für die Saftherstellung. Gut geeignet zum Anbau auf Grünland und in der Feldflur.
Erziehung: Vorwiegend höhere Stammformen.

Goldparmäne.

Goldparmäne

Die 'Goldparmäne' ist schon seit dem Mittelalter bekannt. Sie stammt aus Frankreich.

Eigenschaften der Frucht

Baumreife:	September
Genussreife:	Oktober
Haltbarkeit:	bis Januar, in kühlen Lagern auch bis Februar

Die Frucht ist mittelgroß, bei reichem Behang und mangelnder Pflege bleibt sie verhältnismäßig klein und in der Größe ziemlich unregelmäßig. Bei starkem Behang lohnt es sich, die Früchte auszudünnen.
Das gelblich weiße Fruchtfleisch ist von mildem, süßlich-würzigem Geschmack. Die Früchte sind nur wenig druckempfindlich. Die Sorte neigt zur Stippe. Deshalb keine starken Stickstoffgaben verabreichen.

Blüh- und Befruchtungsverhältnisse

Die Blüte ist mittelfrüh, hält ziemlich lange an und ist bei guter Ernährung des Baumes wenig frostempfindlich.
Eine der besten Befruchtersorten.

Eigenschaften des Baumes

Die Sorte verlangt guten, mäßig feuchten, tiefgründigen und nährstoffreichen Boden. Sie gedeiht auch noch in geschützten Höhenlagen. Der Wuchs ist mittelstark.
Um gleichmäßig große Qualitätsfrüchte zu erziehen, sind gute Ernährung, Düngung und regelmäßiger Schnitt notwendig. Mit zunehmendem Alter wird eine Verjüngung der Krone erforderlich. Die Sorte neigt sehr zur Alternanz, ist anfällig für Schorf.
Wegen ihrer herrlichen goldgelben, rot gestreiften und gut schmeckenden Früchte zählt die Goldparmäne zu den wertvollsten Tafeläpfeln um Weihnachten.
Erziehung: Für alle Stammlängen geeignet.

Graham

Der vollständige Name ist 'Grahams Jubiläumsapfel'. Die Sorte stammt aus England.

Eigenschaften der Frucht

Baumreife:	Mitte September
Genussreife:	Ende September
Haltbarkeit:	4 Wochen, Früchte aus Höhenlagen auch länger.

Die Frucht ist groß bis sehr groß und ansprechend gelb gefärbt. Fein säuerlicher Geschmack mit mäßigem Aroma. Mehr Wirtschafts- als Tafelfrucht. Auf nasskaltem Boden Neigung zur Stippe.

Blüh- und Befruchtungsverhältnisse
Mittelfrühe, lang anhaltende Blüte, die gegen Witterungseinflüsse unempfindlich ist und auch Spätfrösten widerstehen kann. Guter Pollenspender.

Eigenschaften des Baumes
Die Sorte liebt zwar einen nährstoffhaltigen, leicht feuchten und durchlässigen Boden, gedeiht aber auch im Grasland. Mittelstarker Wuchs, die Krone wird mittelgroß. Da sich die Sorte vorwiegend an den Triebspitzen verzweigt, ist ein sorgfältiger Aufbauschnitt notwendig. Die Fruchtbarkeit beginnt sehr früh, ist reich und regelmäßig.
Ein wertvoller Koch- und Kuchenapfel, der wegen seiner Widerstandsfähigkeit gegen Frost und Schorf für den Selbstversorgeranbau auch in ungünstigeren und niederschlagsreicheren Gebieten sowie in frostgefährdeten Lagen empfohlen werden kann.
Erziehungsformen: Vorwiegend Viertel- und Halbstamm.

Gravensteiner

Der vollständige Name lautet 'Gelber Gravensteiner'. Die Sorte stammt aus Gravenstein in Schleswig-Holstein. Als Sprossmutation entstand der 'Rote Gravensteiner'.

Eigenschaften der Frucht

Baumreife:	Anfang September
Genussreife:	September bis Anfang November
Haltbarkeit:	5–6 Wochen, in guten Kellern auch länger.

Die Frucht ist mittelgroß bis groß, meist etwas hoch gebaut und gerippt. Die fettige Fruchtschale ist bei voller Reife leuchtend gelb und sonnenseits oft auf der ganzen Frucht rötlich geflammt. Das Fruchtfleisch ist sehr saftig und würzig.

Blüh- und Befruchtungsverhältnisse

Die sehr große, schneeweiße Blüte ist gegen Witterungseinflüsse empfindlich. Schlechter Pollenspender. Befruchtersorten: Klarapfel, James Grieve, Oldenburg, Goldparmäne, Cox.

Eigenschaften des Baumes

Sehr starkes Wachstum. Regelmäßige und gute Ernten nur bei ausreichender Luftfeuchtigkeit und auf feuchten Böden. Die Sorte gilt als schorf- und mehltauanfällig.
Obwohl der 'Gravensteiner' einer der bestschmeckenden und stark duftenden Tafeläpfel ist, sollte der Anbau auf günstige Standorte beschränkt bleiben.
Erziehungsform: Vorwiegend Spindel, Busch oder Viertelstamm.

Große Kasseler Renette

Wahrscheinlich eine alte deutsche Sorte, die von hier aus nach Holland und Frankreich kam.

Eigenschaften der Frucht
Pflückreife: Mitte Oktober
Genussreife: ab Februar
Haltbarkeit: bis Juni

Ein sehr guter Tafel- und Wirtschaftsapfel. Die Frucht ist mittelgroß bis groß, abgestumpft rundlich und ziemlich gleichmäßig gebaut. Die Fruchtschale ist glatt, glänzend und zur Zeit der Pflückreife unansehnlich grün bis grünlich gelb. Erst auf dem Lager wird die Schale goldgelb. Oft gestreift, auch punktiert und marmoriert. Rostpunkte und Rostfiguren sind häufig. Die Schalen-ausbildung ist jedoch sehr vom Standort abhängig. Das gelblich weiße Fruchtfleisch ist anfangs fest, wird später fein und saftig und ist renettenartig gewürzt. Der aromatische Apfel hat einen hohen Säure- und Zuckergehalt.

Blüh- und Befruchtungsverhältnisse
Die späte Blüte ist gegen Witterungsverhältnisse ziemlich unempfindlich. Guter Pollenspender.

Eigenschaften des Baumes
Der Baum wächst mittelstark. In den ersten Jahren ist ein mehrmaliger Rückschnitt der Leittriebe erforderlich. Die Sorte gedeiht zwar auf jedem Boden, übersteht auch Trockenperioden recht gut, befriedigende Qualitäten werden aber nur auf guten Apfelböden von wüchsigen Bäumen erzielt. Der Ertrag setzt früh ein und ist manchmal überreich. Dies unterstützt die Neigung zum Vergreisen, so dass gelegentliche Verjüngungsschnitte empfehlenswert sind. Die Sorte ist etwas anfällig für Schorf und Krebs.

Jakob Lebel

Die Sorte entstand um 1825 in Frankreich, hieß ursprünglich 'Jacques Lebel' und wurde 1849 in den Handel gebracht.

Eigenschaften der Frucht

Pflückreife:	ab September
Genussreife:	Oktober, in Frühgebieten Ende September
Haltbarkeit:	bis Januar

Großfrüchtige, schön gelb gefärbte, teilweise rot gestreifte Tafel- und Wirtschaftssorte. Die Früchte sind flach, haben einen kurzen, dicken Stiel und eine fettige Schale. Die wohlschmeckende, sehr saftige Sorte soll zum Frischverzehr so spät wie möglich geerntet werden. Dadurch wird die Qualität beachtlich verbessert.

Blüh- und Befruchtungsverhältnisse

Die mittelspäte, lange anhaltende Blüte ist verhältnismäßig widerstandsfähig gegen Witterungseinflüsse und Spätfrost. Schlechter Pollenspender. Befruchtersorten: Rosenapfel, Cox, Croncels, Danziger Kant, Goldparmäne, Jonathan, Klarapfel, Ontario u.a.

Eigenschaften des Baumes

In der Jugend stark wachsend, breite und flache Kronen bildend. Die anspruchslose, früh und reich tragende Sorte eignet sich noch für höhere, jedoch windgeschützte Lagen und nahrhafte aber durchlässige Böden. In rauen Lagen lässt die Fruchtqualität nach. Die Sorte eignet sich nicht für schwere Böden, da hier die Bäume unter Krebs und die Früchte unter Stippe leiden. Empfehlenswerte Sorte für den Selbstversorgeranbau.

Erziehung: Für Hoch- und Halbstamm geeignet, wegen des starken Wuchses Pflanzabstand 10–12 m.

James Grieve

Die Sorte stammt aus Edinburgh in Schottland. Der 'Rote James Grieve' entstand als Knospenmutation der Muttersorte.

Eigenschaften der Frucht

Baumreife:	Ende August bis Mitte September
Genussreife:	September bis Mitte November
Haltbarkeit:	5–6 Wochen

Die Frucht ist mittelgroß. Bei Vollreife fettige Schale. Die anfangs hellgrüne Farbe wird hellgelb und sonnenseits mehr oder weniger stark hellrot verwaschen und geflammt. Das Fruchtfleisch ist saftig-mürb, der Geschmack angenehm süßsauer, fein aromatisch.

Blüh- und Befruchtungsverhältnisse

Die Blüte ist mittelfrüh, ziemlich lang andauernd und gegen Witterungseinflüsse nicht sehr empfindlich. Guter Pollenspender.

Eigenschaften des Baumes

Die Sorte benötigt nährstoffreichen, nicht zu trockenen Boden und windgeschützte Lagen. Auch für mittlere Höhenlagen geeignet.

Schwacher bist mittelstarker Wuchs mit viel kurzem Fruchtholz. Eine regelmäßige Verjüngung des Fruchtholzes beugt der vorzeitigen Vergreisung vor. Die Fruchtbarkeit beginnt sehr früh und ist regelmäßig.

Nur bei schlechter Ernährung Neigung zur Alternanz. Die Sorte ist wenig schorfempfindlich, jedoch etwas anfällig für Rote Spinne, Blattläuse und Kragenfäule.

Ein wertvoller früher Apfel für den Selbstversorgeranbau.

Erziehungsformen: Spindelbusch, Buschbaum, Viertel- und Halbstamm.

Kaiser Wilhelm

Die Sorte wurde 1864 in Wittsfelden bei Solingen gefunden. Sie ist nicht identisch mit dem 'Wilhelmsapfel' im Bodenseegebiet.

Eigenschaften der Frucht

Baumreife:	Ende September bis Mitte Oktober
Genussreife:	ab November bis Dezember
Haltbarkeit:	bis März

Große, breitkegelige Früchte mit grünlicher, später gelblicher Schale, die leuchtend rot geflammt ist. Gelbliches Fruchtfleisch, fest, mäßig saftig und im Geschmack süßsäuerlich. Bei zu später Ernte und zu langer Lagerung werden die Früchte trocken und mehlig.

Blüh- und Befruchtungsverhältnisse

Die Blüte ist mittelfrüh bis mittelspät. Schlechter Pollenspender. Befruchtersorten Cox, Goldparmäne, Ontario, Klarapfel u.a.

Eigenschaften des Baumes

Gedeiht noch in mittleren, nicht zu rauen und frostgefährdeten Höhenlagen. Bildet mächtige, breitpyramidale Kronen. Die Fruchtbarkeit setzt erst spät ein, der Ertrag kann bei guter Pflege jedoch hoch und regelmäßig sein. In niederschlagsreichen Gebieten auch für Grasland geeignet. Das Holz ist verhältnismäßig frostwiderstandsfähig.

Ein wertvoller Apfel für die Süßmostbereitung, der auch noch unter weniger günstigen Anbauverhältnissen befriedigende Erträge bringt.

Erziehungsformen: Nicht für kleine Baumformen geeignet. Hauptsächlich für Viertel- und Halbstamm.

Kanadarenette

Die Sorte ist englischen Ursprungs und kam schon vor 1800 nach Deutschland. Doppelnamen: Butterapfel, Englischer Kurzstiel, Große Englische Renette, Holländische Renette, Lederapfel, Pariser Ramburrenette, Rostapfel, Schmalzapfel.

Eigenschaften der Frucht
Pflückreife: Mitte Oktober
Genussreife: ab Dezember
Haltbarkeit: bis Mai

Ein ausgezeichneter Tafel- und Wirtschaftsapfel. Die großen bis sehr großen, abgestumpft rundlichen Früchte sind ungleichmäßig gebaut. Die Fruchtschale ist durch einen grünlich braunen schuppigen Rost meist auf der gesamten Oberfläche fein aufgeraut. Die grüne Grundfarbe wird später grünlich gelb bis gelb. Die Sonnenseite ist meist etwas gerötet. Die zahlreichen braunen Schalenpunkte sind dick, manchmal eckig. Das Fruchtfleisch ist grünlich gelb, saftig und gewürzt. Es hat eine angenehme Säure bei ausreichendem Zuckergehalt.

Blüh- und Befruchtungsverhältnisse
Die lang andauernde Blüte ist etwas frostempfindlich. Schlechter Pollenspender. Be-fruchtersorten sind Ananasrenette, Baumanns Renette, Berlepsch, Boikenapfel u.a.

Eigenschaften des Baumes
Der Baum wächst kräftig und bildet eine breite Krone. Die Ansprüche an den Boden sind mittelhoch. Die Sorte gedeiht am besten auf nährstoffreichen, ausreichend feuchten und gut durchlüfteten Böden. Auf warmen Standorten auch für Höhenlagen geeignet. Der Ertrag setzt spät ein, ist dann mittelhoch und regelmäßig. Für alle Erziehungsformen geeignet. Etwas anfällig für Stippe und Krebs.

Klarapfel

Der vollständige Name ist 'Weißer Klarapfel'. Die Sorte stammt aus Livland, heißt deshalb auch mancherorts 'Livländischer Klarapfel' oder 'Weißer Transparent'. Falsch sind jedoch die Bezeichnungen 'Jakobiapfel' und 'Kronapfel'.

Eigenschaften der Frucht
Baumreife: Mitte Juli bis Anfang August
Genussreife: Ende Juli bis Mitte August
Haltbarkeit: 2–3 Wochen

Die Früchte bleiben klein oder werden nur mittelgroß. Die Fruchtschale ist dünn, von grünlich weißer, später weißgelber Färbung. Der Geschmack ist mildsäuerlich, bei zu später Ernte und bei langer Lagerung werden die Früchte mehlig. Die Äpfel hängen sehr fest im Wind. In genussreifem Zustand sind sie druckempfindlich. Die Ernte darf nicht zu früh erfolgen, sondern erst, wenn eine leichte, weißgelbe Färbung einsetzt.

Blüh- und Befruchtungsverhältnisse
Die frühe Blüte dauert ziemlich lange an. Ungünstige Witterung schadet wenig. Guter Pollenspender.

Eigenschaften des Baumes
Der Klarapfel stellt an den Standort nur wenig Ansprüche und ist auch für raue Lagen noch geeignet. Das Holz ist verhältnismäßig widerstandsfähig gegen Frost. Die Sorte befriedigt nur bei guter Ernährung und Pflege und kann eigentlich nur wegen der Frühzeitigkeit und Anspruchslosigkeit empfohlen werden. Der 'Weiße Klarapfel' sollte nicht zu häufig angepflanzt werden, da ihn die nachfolgend reifenden Sorten in der Qualität erheblich übertreffen.
Anzuchtformen: Spindelbusch und Spalier, Buschbaum, Viertel- und Halbstamm.

Landsberger Renette

Die Sorte wurde in der Mitte des 19. Jh. von Justizrat Burhardt in Landsberg a. d. Warthe gezogen.

Eigenschaften der Frucht
Pflückreife: Mitte Oktober
Genussreife: ab Oktober
Haltbarkeit: bis Februar

Neben kleinen werden vorwiegend mittelgroße und große Früchte ausgebildet. Die Schale der kugeligen Früchte ist glatt und mäßig fett. Auf dem Lager verstärkt sich die Fettschicht und kann auch klebrig werden. Das gelblich weiße Fruchtfleisch ist locker bis mittelfest und schmeckt säuerlichsüß mit feinem, zartem Aroma.
Kaum anfällig für Stippe, jedoch etwas schorfgefährdet. Die Früchte hängen sehr windfest. Meist wird zu früh geerntet. Bei späterer Oktoberernte gewinnen die Früchte an Zucker und Größe. Die Ernte muss vorsichtig erfolgen, da die Früchte druckempfindlich sind.

Blüh- und Befruchtungsverhältnisse
Sehr blühwillige Sorte mit lang währender und unempfindlicher Blüte. Guter Pollenspender.

Eigenschaften des Baumes
Die widerstandsfähige Sorte ist breit anbaufähig. Bevorzugt wird sie für Höhenlagen und für Windlagen verwendet, da hier kaum Schorf auftritt. Keine besonderen Bodenansprüche.
Der Anbau der ehemals weit verbreiteten Sorte sollte heute auf Gärten und vor allem auf Obstwiesen beschränkt bleiben. Die Früchte eignen sich sehr gut zur häuslichen Süßmost- und Apfelweinbereitung.
Erziehungsformen: Für alle Stammlängen geeignet.

Oldenburg

Der vollständige Name ist 'Geheimrat Dr. Oldenburg'.

Eigenschaften der Frucht

Pflückreife: Mitte September bis Oktober. Mit der Baumreife setzt auch der Fruchtfall ein.
Genussreife: ab Oktober
Haltbarkeit: 4–8 Wochen, bis Anfang Dezember. Bei niedrigen Temperaturen bis Januar.

Die mittelgroßen Früchte sind von hellgelber, später goldgelber Grundfarbe, die leicht hellrot überdeckt und leuchtend rot gestreift ist. Das Fruchtfleisch ist locker, saftig, süßsäuerlich und von manchmal würzigem Geschmack. Die Güte der Frucht lässt auf dem Lager rasch nach.

Blüh- und Befruchtungsverhältnisse

Die mittelfrühe Blüte hält lange an und ist gegen Witterungseinflüsse ziemlich unempfindlich. Guter Pollenspender.

Eigenschaften des Baumes

Bis zu mittleren Höhenlagen für gute, nicht zu feuchte Böden und warme, geschützte Standorte geeignet. Der Ertrag setzt früh ein, bleibt stetig und hoch. Durch regelmäßigen Überwachungsschnitt und gelegentliche Verjüngung muss der vorzeitigen Vergreisung vorgebeugt werden. Auf zu trockenen Standorten ist die Sorte mehltauanfällig, in zu feuchten Lagen anfällig für Schorf und Krebs. Wegen des hohen und regelmäßigen Ertrages eine beachtenswerte Sorte für den Selbstversorgeranbau in nicht frostgefährdeten Lagen. Sie eignet sich zum Frischverzehr, zur häuslichen Verwertung und für die Saftbereitung.
Erziehungsformen: Busch, Spalier und Viertelstamm.

Ontario

Der Ontarioapfel stammt aus der Provinz Ontario in Kanada.

Eigenschaften der Frucht
Baumreife: Mitte bis Ende Oktober
Genussreife: ab Januar
Haltbarkeit: bis Mai

Die Frucht ist groß bis sehr groß, plattrund und zum Kelch hin gerippt. Die anfänglich grüne Fruchtschale wird weißgelb und sonnenwärts rot gestreift oder verwaschen rot. Das gelblich weiße Fruchtfleisch ist erfrischend, mit hohem Vitamin-C-Gehalt. Bei Stickstoffdüngung Neigung zur Stippe. Nur gut belichtete, sonnenbeschienene Früchte färben sich gut aus. Grün bleibende Früchte befriedigen im Geschmack und Aussehen weniger. Beim Überwachungsschnitt deshalb für eine durchlichtete Baumkrone sorgen.

Blüh- und Befruchtungsverhältnisse
Die mittelspäte bis späte Blüte ist gegen Witterungseinflüsse weitgehend widerstandsfähig. Guter Pollenspender.

Eigenschaften des Baumes
Die Sorte verlangt nährstoffreichen, offenen Boden, möglichst in geschützter Lage. Der Wuchs ist nicht allzu stark, die Krone bleibt klein. Ein strenger Erziehungsschnitt und zeitweise Verjüngung sind erforderlich. Die Fruchtbarkeit beginnt früh, ist sehr reich und regelmäßig. Wegen des frostempfindlichen Holzes Frostlagen unbedingt vermeiden.
Obwohl wegen der geringen Frosthärte des Holzes mit Ausfällen zu rechnen ist, bleibt der 'Ontario' wegen des regelmäßigen und reichen Ertrages eine empfehlenswerte Wintertafelsorte.
Erziehungsformen: Buschbaum, Spindelbusch, Viertel- und Halbstamm.

Prinzenapfel

Eine alte deutsche Sorte, die vor allem in Norddeutschland stark verbreitet ist. Doppelnamen: Ananasapfel, Flaschenapfel, Glockenapfel, Haferapfel, Hasenkopf, Immerträger, Katzenkopf, Klapperapfel, Walzenapfel.

Eigenschaften der Frucht

Pflückreife: Ende September
Genussreife: ab Oktober
Haltbarkeit: bis Dezember

Ein sehr guter Tafel- und Wirtschaftsapfel, der auch gerne zum Dörren verwendet wird. Mittelgroße bis große, walzenförmige, ziemlich gleichmäßig gebaute Früchte. Fruchtschale glatt, matt glänzend, gelblich grün, später hellgelb. Sonnenseits oft kräftig gerötet und gereift. Geruch merklich, an Ananas erinnernd. Fruchtfleisch gelblich weiß, ziemlich fein, saftig, angenehme Säure, ausreichend süß. Feine Würze, die nur dem Prinzenapfel eigen ist und ihm seinen Wohlgeschmack verleiht. Auf dem Lager welkt die Frucht leicht. Sie muss deshalb in einem guten Keller kühl und luftfeucht gelagert werden. Die späte Blüte ist unempfindlich gegen Witterungseinflüsse.

Eigenschaften des Baumes

Der Prinzenapfel verlangt einen feuchten und nahrhaften Boden. Das macht ihn besonders zum Anbau an der Küste und in höheren Gebirgslagen empfehlenswert. Er gedeiht noch in Höhen bis zu 800 m. Da die Seitentriebe nur schlecht austreiben, müssen die Leittriebe mehrere Jahre hindurch regelmäßig zurückgeschnitten werden. Geeignet für höhere Baumformen, nicht für Schnuranlagen und Spaliere. Der Ertrag setzt früh ein und ist regelmäßig. Der Baum kann sehr alt werden. Ältere Bäume sind jedoch krebsanfällig.

Schöner von Nordhausen

Der Sämling entstand bereits in der ersten Hälfte des 19. Jahrhunderts in Nordhausen, kam erst 1882 in den Handel.

Eigenschaften der Frucht
Pflückreife: Mitte bis Ende Oktober
Genussreife: ab Januar
Haltbarkeit: bis April

Die Früchte sind klein bis mittelgroß und rundlich. Die glatte ledrige Schale ist gelbgrün und bei der Reife verwaschen hellkarmin bis rot überdeckt. Das fast weiße Fruchtfleisch ist wohlschmeckend, säuerlich und saftig. Wenig anfällig für Stippe. Zur Vermeidung von Druckflecken muss jedoch sorgfältig geerntet werden.

Blüh- und Befruchtungsverhältnisse
Die lange andauernde Blüte ist frost- und witterungsunempfindlich. Guter Pollenspender.

Eigenschaften des Baumes
Die Sorte eignet sich vorwiegend für kühle, offene Standorte und kann auch noch in Höhenlagen mit rauem Klima angebaut werden. Für warme Standorte weniger geeignet. Der Baum wächst mittelstark.
Der Ertrag setzt mittelfrüh ein, ist durchschnittlich hoch und regelmäßig. Die Widerstandsfähigkeit gegen Frost ist ungewöhnlich hoch. Um Treiben und Fruchten im Gleichgewicht zu halten, sind gelegentliche Überwachungs- und Verjüngungsschnitte notwendig.
Ein ausgesprochener Winterapfel für den Frischverzehr ab Januar/Februar. Geeignet für alle häuslichen Verarbeitungsverfahren, insbesondere für die Saftgewinnung.
Erziehungsform: Für alle Stammlängen geeignet.

Signe Tillisch

Die Sorte wurde 1866 auf Jütland aus Samen gezogen und ist seit 1884 im Handel.

Eigenschaften der Frucht
Pflückreife: September
Genussreife: ab September
Haltbarkeit: bis November

Die Früchte sind mittelgroß bis sehr groß und besitzen fünf typische breite Kanten, die teilweise über die Frucht verlaufen. Die mittelfeste, glatte Schale ist grünlich gelb und zur Reifezeit hellrötlich geflammt oder gestreift.
Das grünlich weiße bis weißgebliche Fruchtfleisch ist süß mit edlem Aroma. Auf feuchten Standorten sind die Früchte windfest, auf trockenen neigen sie mit der Baumreife zum Abfallen. Der Ertrag ist mittelhoch bis hoch.

Blüh- und Befruchtungsverhältnisse
Die mittellang andauernde Blüte ist unempfindlich gegenüber Regen und Frost. Guter Pollenspender.

Eigenschaften des Baumes
Die Sorte kann bis zu mittleren Höhenlagen angebaut werden. Der Boden soll nährstoffreich und ausreichend feucht sein. Ein freier Standort beugt Schorf und Mehltaubefall vor. Widertandsfähig gegen Holz- und Blütenfrost. Der Ertrag beginnt erst mittelspät, ist dann aber regelmäßig. Nur nach höheren Erträgen alternierend.
Ein edler Tafelapfel, der vorrangig zum Frischverzehr dient, sich aber auch zur häuslichen Verarbeitung als Kuchenbelag, Mus und Saft eignet.
Erziehungsformen: Vorwiegend Busch und Spindel.

Winterrambour

Der vollständige Name ist 'Rheinischer Winterrambour'. Der Apfel wird aber auch 'Theuringer Rambour' und 'Menzenauer Jägerapfel' genannt. Die Sorte entstand wahrscheinlich in Deutschland.

Eigenschaften der Frucht
Baumreife: Anfang Oktober
Genussreife: ab Dezember
Haltbarkeit: bis März

Die Frucht ist plattrund, unregelmäßig und flach gerippt. Die Fruchtschale ist gelbgrün mit verwaschenem Rot. Das gelblich weiße, feste Fruchtfleisch hat weinsäuerlichen Geschmack.

Blüh- und Befruchtungsverhältnisse
Mittelspäte, lang anhaltende Blüte. Gegen Witterungseinflüsse nicht sehr widerstandsfähig. Schlechter Pollenspender. Befruchtersorten Ontario, Goldparmäne u.a.

Eigenschaften des Baumes
Der Baum verlangt ausreichend feuchten und nährstoffreichen Boden. Auf trockenen Standorten befriedigt der Ertrag nicht. Die Sorte gedeiht noch in höheren, aber nicht frostgefährdeten Lagen. Starker, breit ausladender Wuchs. Die Fruchtbarkeit setzt spät ein, die Ertragsleistung ist mittelhoch bis hoch und nicht sehr regelmäßig. Rechtzeitiges Auslichten der Krone und ausreichende Düngung sichern befriedigende Ertrags- und Qualitätsleistungen.
Mehr Wirtschafts- als Tafelapfel, der durch die Größe der Früchte und ihre schöne Färbung für den bäuerlichen Obstbau empfehlenswert ist.
Erziehungsform: Nur für größere Baumformen.

Zuccalmaglio

Der vollständige Name ist 'von Zuccalmaglio Renette'.
Die Sorte wurde 1878 in Grevenbroich gezüchtet.

Eigenschaften der Frucht
Pflückreife: Ende Oktober
Genussreife: ab November
Haltbarkeit: bis März

Die kleinen bis mittelgroßen Früchte sind rundlich bis hoch gebaut. Die glatte Schale ist gelbgrün, zur Reife rötlich überzogen, manchmal mit feinen, weißen Streifen. Das gelbliche Fruchtfleisch ist mittelfest, saftig und von edlem Aroma. Die Ernte soll wegen des besseren Aromas möglichst spät erfolgen.

Blüh- und Befruchtungsverhältnisse
Die länger anhaltende Blüte ist wenig witterungs- und spätfrostempfindlich. Guter Pollenspender.

Eigenschaften des Baumes
Der Baum wächst schwach bis mittelstark und ist dünntriebig. Die Neigung zur Kleinfrüchtigkeit kann durch strenge Schnittmaßnahmen wesentlich verbessert werden.
Ein vorzüglicher Tafelapfel, der trotz der Neigung zur Alternanz ertragsicher ist und reiche Ernten bringt. Die Sorte ist wenig anfällig für Krankheiten und Schädlinge. Sie ist im Haushalt vielseitig verwertbar.
Erziehungsformen: Vorwiegend als Busch und Spalier, aber auch für höhere Baumformen geeignet.

Altbewährte Birnensorten

Alexander Lucas

Die Sorte stammt aus Orléans in Frankreich.

Eigenschaften der Frucht
Baumreife: Ende September bis Oktober
Genussreife: Ende Oktober
Haltbarkeit: 1–2 Monate

Die Frucht ist groß bis sehr groß, mit leicht fettiger Fruchtschale. Die anfangs grasgrünen Früchte färben sich später gelbgrün und haben zuweilen sonnenseits einen hauchartigen, orangefarbigen Überzug. Das Fleisch ist saftig, schmelzend und süß.
Blüh- und Befruchtungsverhältnisse
Früh bis mittelfrüh blühend. Gegen Witterungseinflüsse nicht sehr empfindlich. Schlechter Pollenspender. Befruchtersorten: Madame Verté, Gellerts, Bosc's.

Eigenschaften des Baumes
Diese Birne verlangt tiefgründigen, mittelschweren bis leichten Boden und eine windgeschützte warme Lage. Der Baum erfordert einen guten Erziehungsschnitt und Zurückhaltung des Mitteltriebes zugunsten der seitlichen Äste. Die Fruchtbarkeit beginnt ziemlich früh und ist regelmäßig. Die Sorte ist wenig krankheitsanfällig, vor allem ziemlich schorffest.
Die 'Alexander-Lucas'-Birne eignet sich nur für den Anbau in milden Lagen, besonders für den Spalierobstbau an warmen Mauerwänden.

Birne von Tongern

Die Sorte entstand in Frankreich und wurde 1823 in Deutschland eingeführt.

Eigenschaften der Frucht
Pflückreife: ab Ende September
Genussreife: ab Ende Oktober
Haltbarkeit: bis Mitte November

Eine hervorragende, große Tafelbirne. Die Frucht ist länglichkegelförmig, etwas beulig und nicht immer ganz gleichmäßig gebaut. Die gelbgrüne Fruchtschale wird später goldgelb. Zur Reifezeit ist die Frucht zimtfarbig berostet. Die Sonnenseite ist verwaschen gerötet. Das Fruchtfleisch ist gelblich weiß, fein, saftreich, schmelzend bis halbschmelzend. Geschmack angenehm süß mit feiner Säure. Vor allem durch das ausgeprägte Aroma hat sich die Sorte viele Freunde erworben.

Blüh- und Befruchtungsverhältnisse
Die lang anhaltende, mittelspäte Blüte ist ausreichend wiederstandsfähig gegenüber Kälte und Nässe. Guter Pollenspender.

Eigenschaften des Baumes
Der Baum wächst in der Jugend mittelstark, später schwächer. Die breitpyramidale Krone bildet genügend Fruchtholz aus. Die Sorte ist im Holz jedoch nicht immer ausreichend frosthart. Erziehung vorwiegend als Niederstamm, in Vorgebirgslagen auch als Hoch- und Halbstamm. Anbau nur auf guten Birnenböden möglich. Die Sorte benötigt Weinbauklima. Als Wandspalier kann sie noch bis 400 m Höhe angebaut werden. Der Ertrag setzt früh ein, ist hoch und regelmäßig. Die Sorte neigt jedoch vorzeitig zum Vergreisen. Das erfordert gelegentliche Verjüngungsschnitte.
Auf ungünstigen Standorten, v. a. auf nassen Böden, etwas krebs- und schorfanfällig.

Bosc's Flaschenbirne

Die Sorte heißt auch 'Kaiserkrone' oder 'Alexanderbirne' und stammt aus Frankreich.

Eigenschaften der Frucht
Baumreife: Anfang Oktober
Genussreife: ab Mitte Oktober
Haltbarkeit: 3–4 Wochen

Die Frucht ist groß und flaschenförmig. Die raue Schale ist meist ganz mit zimtfarbigem Rost überzogen. Wenig druckempfindlich. Sehr saftreich, süß und angenehm gewürzt.

Blüh- und Befruchtungsverhältnisse
Spät blühend, gegen Witterungseinflüsse ziemlich widerstandsfähig. Guter Pollenspender.

Eigenschaften des Baumes
Nur für warme Standorte zu empfehlen. Bei guter Pflege und Düngung auch im Grasland möglich. Der Wuchs ist mittelstark bis stark. Ein guter Erziehungsschnitt ist zur Erzielung tragfähiger Kronen notwendig. Die Fruchtbarkeit setzt mittelspät bis spät ein, ist dann aber regelmäßig. Das Holz ist etwas empfindlich gegen Frosteinwirkung. Anbau nur an warmen Standorten, vorwiegend als Buschbaum. Im Grasland auch als Viertel- und Halbstamm.

Clapps Liebling

Die Sorte stammt aus Dorchester in Massachusetts/USA und wurde nach ihrem Züchter Thaddäus Clapp benannt.

Eigenschaften der Frucht
Baumreife: Anfang bis Mitte August
Genussreife: Mitte August
Haltbarkeit: 1–2 Wochen

Die großen Früchte sind gleichmäßig und sehr ansprechend gebaut. Die glatte Fruchtschale ist anfangs grünlich, dann hellgelb bis bräunlich gelb und sonnenseits gerötet. Das saftige Fleisch besitzt ein würziges Aroma. Die Früchte sind leider nicht sehr windfest. Die Ernte sollte deshalb 8-10 Tage vor der Vollreife erfolgen, da es sonst viel Fallobst gibt. Bei zu später Ernte werden die Früchte rasch teigig.

Blüh- und Befruchtungsverhältnisse
Der Baum blüht mittelfrüh bis spät und ist wenig empfindlich gegen Nässe und Kälte. Guter Pollenspender.

Eigenschaften des Baumes
Stark wachsender, schlanker Baum mit hochpyramidalem Kronenaufbau. Für nährstoffreiche, nicht zu schwere Böden und nicht zu windige Lage. In der Jugend ist ein kräftiger Rückschnitt zur besseren Verzweigung notwendig. Die Fruchtbarkeit beginnt mittelspät, ist dann aber sehr regelmäßig und reich.
Bei guter Pflege und entsprechenden Niederschlägen auch für Grünland geeignet. Trotz der kurzen Haltbarkeit eine der wertvollsten Frühbirnen für den Selbstversorgeranbau.
Erziehungsformen: Wegen des starken Wuchses weniger für Spalier, jedoch sehr gut für Viertel- und Halbstamm geeignet.

Frühe von Trévoux

Die Sorte entstand in Frankreich und ist seit 1862 bekannt.

Eigenschaften der Frucht

Pflückreife: August
Genussreife: ab Ende August
Haltbarkeit: 2–3 Wochen

Die für eine Frühsorte recht großen, glockenförmigen Früchte haben eine grünlichgelbe Fruchtschale, die später hellgelb wird. Die Sonnenseite ist rot getüpfelt und gestreift. Die zahlreichen Schalenpunkte sind unterschiedlich groß. Hellbraune Rostspuren sind vor allem am Stiel zu finden.
Das Fruchtfleisch ist weiß, schmelzend und sehr saftig. Geschmack angenehm süßsäuerlich und gewürzt. Die Früchte sollten möglichst hartreif geerntet werden, umso länger bleiben sie haltbar.

Blüh- und Befruchtungsverhältnisse

Die Blüte hält lange an und ist wenig witterungsempfindlich. Guter Pollenspender.

Eigenschaften des Baumes

Der Baum wächst mittelstark und ist im Holz ziemlich frosthart. Er eignet sich für alle Erziehungsformen.
Der Anbau sollte auf nährstoffreichen und warmen Böden erfolgen, ansonsten sind die Ansprüche an Standort und Klima gering. Die Sorte ist breit anbaufähig bis in rauere Höhenlagen.
Der Ertrag beginnt früh, ist regelmäßig und hoch. Die Sorte ist nur wenig krankheitsanfällig.

Gellerts Butterbirne

'Gellerts Butterbirne' stammt aus Frankreich.

Eigenschaften der Frucht
Baumreife: Mitte September
Genussreife: ab Ende September
Haltbarkeit: 3 Wochen

Die Frucht ist mittelgroß bis groß und regelmäßig geformt. Die Fruchtschale hat häufig einen bräunlich gelben Rostüberzug.
Die Frucht ist saftreich und von sehr edlem Geschmack. Bei rechtzeitiger Ernte wenig druckempfindlich.

Blüh- und Befruchtungsverhältnisse
Die mittelfrühe Blüte hält ziemlich lange an. Sie ist gegen Witterungseinflüsse widerstandsfähig. Guter Pollenspender.

Eigenschaften des Baumes
Die Birne verlangt tiefgründigen, guten Boden. Der Anbau ist auch noch in mittleren Höhenlagen möglich.
Starker bis sehr starker Wuchs. In der Jugend darf die Sorte nicht zu stark geschnitten werden. Da sie sehr hochstrebend wächst, ist jedoch die Stammverlängerung möglichst kurz zu halten und später ganz zu entfernen. Die Fruchtbarkeit setzt erst spät ein, ist dann aber bei guter Pflege regelmäßig.
Vor allem für größere Baumformen geeignet.

Gute Graue

Die Sorte stammt aus Frankreich und wurde im 18. Jahrhundert in Deutschland eingeführt.

Eigenschaften der Frucht
Baumreife: Anfang September
Genussreife: ab Mitte September
Haltbarkeit: 2 Wochen

Die Frucht ist klein bis mittelgroß und wirkt unscheinbar. Die stark duftenden Früchte haben jedoch einen hervorragenden Geschmack. Äußerst saftig.
Die Fruchtschale ist meist stark und gleichmäßig berostet.

Blüh- und Befruchtungsverhältnisse
Die Blüte erscheint früh und ist gegen Witterungseinflüsse sehr widerstandsfähig. Guter Pollenspender.

Eigenschaften des Baumes
Unkomplizierter, robuster Wuchs. Der Anbau ist wegen der großen Frosthärte von Blüten und Holz auch noch in höheren Lagen möglich. Gelegentliche Überwachungsschnitte reichen aus. Verjüngungsschnitte werden nicht nötig. Wegen der weit ausladenden Äste großer Platzbedarf. Vorwiegend für tiefgründige, nicht zu trockene Böden. Auf Kiesböden unbefriedigende Ergebnisse.
Eine Frühbirne, die sich sehr gut als Hausbaum eignet und auch ein vorzügliches Dörrobst liefert.
Erziehung: Hoch- und Halbstamm.

Gute Luise

Der vollständige Name lautet 'Gute Luise von Avranches'. Die Sorte entstand 1788 in Frankreich.
Doppelnamen: Französische Rousselet, Prinz von Württemberg.

Eigenschaften der Frucht
Baum- und
Pflückreife: Anfang September bis Anfang Oktober
Genussreife: Ende September bis Ende November

Eine sehr gute Tafel- und Wirtschaftsfrucht. Die Früchte werden groß bis sehr groß. Die glatte Fruchtschale ist zuerst grün, später gelbgrün. Zur Reifezeit ist die Sonnenseite verwaschen und gestreift gerötet. Die Schalenpunkte sind grünlich und bräunlich, oft auch rot. Berostungen vor allem an Stiel und Kelch.
Das Fruchtfleisch ist gelblich weiß, sehr fein und schmelzend. Geschmack angenehm süß und gewürzt.

Blüh- und Befruchtungsverhältnisse
Die Blüte dauert nur kurz an, sie ist unempfindlich gegen Witterungseinflüsse, jedoch etwas spätfrostgefährdet. Guter Pollenspender.

Eigenschaften des Baumes
Der Baum wächst mittelstark bis stark und eignet sich für alle Erziehungsformen.
Die Ansprüche an Standort und Klima sind nicht sehr hoch. Die Sorte ist deshalb auf guten Böden breit anbaufähig bis in mittlere Höhenlagen.
Der Ertrag setzt früh bis mittelspät ein, ist sehr hoch und regelmäßig. Die Sorte ist etwas schorfanfällig.

Köstliche von Charneu

Die Sorte heißt auch 'Bürgermeisterbirne' und stammt aus Charneu in Belgien.

Eigenschaften der Frucht
Baumreife: Mitte bis Ende September
Genussreife: ab Oktober
Haltbarkeit: 4–6 Wochen

Die Frucht ist mittelgroß bis groß und hat vielfach eine beulige Oberfläche. Sie ist von gutem Geschmack, ziemlich süß und saftig.

Blüh- und Befruchtungsverhältnisse
Mittelfrühe Blüte, die gegen Witterungseinflüsse wenig empfindlich ist. Guter Pollenspender.

Eigenschaften des Baumes
Die Sorte ist verhältnismäßig genügsam, verlangt aber nährstoffreichen und feuchten Boden. Geeignet als Windschutz. Die Fruchtbarkeit setzt früh bis mittelfrüh ein. Bei guter Pflege ist mit regelmäßigem und reichem Ertrag zu rechnen.
Eine wertvolle Sorte, auch für mittlere Höhenlagen und auf Grünland. Sie eignet sich sehr gut für Einmachzwecke.
Erziehungsformen: Hauptsächlich für größere Baumformen geeignet, aber auch als Niederstamm für größere Wandspaliere.

Madame Verté

Die Sorte stammt aus Belgien.

Eigenschaften der Frucht
Baumreife: Mitte bis Ende Oktober
Genussreife: ab Dezember
Haltbarkeit: bis Anfang Februar

Die Frucht ist klein bis mittelgroß und dickbauchig. Die Grundfarbe ist grünlich. Sie ist fast vollständig mit bräunlichem Rost überzogen, in sonnigen Gebieten oft mit rötlichem Anflug.
Das gelblich weiße Fruchtfleisch ist würzig, angenehm süß und von gutem Aroma. Die Früchte hängen sehr fest am Baum.

Blüh- und Befruchtungsverhältnisse
Mittelspäte, lang anhaltende und verhältnismäßig widerstandsfähige Blüte. Guter Pollenspender.

Eigenschaften des Baumes
Die Sorte stellt keine sehr hohen Ansprüche. Sie eignet sich auch noch für geschützte Lagen in rauen Gebieten. Sehr gut für Wandspaliere geeignet.
Mittelstarker, lockerer Wuchs. Der Ertrag beginnt spät, ist dann aber regelmäßig und reich. Das derbe Laub ist sehr widerstandsfähig gegen Schädlinge und Krankheiten, vor allem gegen Schorf. Das Holz ist unempfindlich gegen Winterfrost.
Eine ausgezeichnete Birne für den Selbstversorgeranbau, auch in klimatisch weniger günstigen Gebieten. Trotz des unscheinbaren Aussehens besitzt die Birne eine ausgezeichnete Fruchtqualität.
Erziehungsformen: Niederstamm für Spalier, Viertel- und Halbstamm.

Nordhäuser Winterforellenbirne

Die Sorte entstand in Norddeutschland und wurde von Nordhausen aus verbreitet. Doppelname: Winterforellenbirne.

Eigenschaften der Frucht
Pflückreife: Anfang Oktober
Genussreife: ab Januar
Haltbarkeit: bis März

Eine sehr gute Tafel- und Wirtschaftsbirne mit mittelgroßer, kegelförmiger Frucht. Die Fruchtschale ist grünlich gelb, auf der Sonnenseite braunrot. Die Schalenfarbe verändert sich auf dem Lager. Sie färbt sich hellgelb und dunkelrot. Schalenpunkte zahlreich.
Das Fruchtfleisch ist weiß, schmelzend, angenehm würzig und süß.

Blüh- und Befruchtungsverhältnisse
Die mittelfrühe Blüte ist wenig frost- und witterungsempfindlich. Guter Pollenspender.

Eigenschaften des Baumes
Der Baum wächst mittelstark und bildet eine lockere Krone. Er eignet sich für alle Erziehungsformen. Der Anbau sollte auf guten Böden in warmen und luftfeuchten Lagen erfolgen. Lufttrockene Standorte sind ungeeignet.
Der Ertrag setzt früh bis mittelfrüh ein, ist mittelhoch und regelmäßig. Die Sorte braucht eine regelmäßige Schnittüberwachung. Bei ungünstigen Anbaubedingungen etwas schorfempfindlich.

Stuttgarter Geißhirtle

Die Birne soll in der Nähe von Stuttgart von einem Ziegenhirten gefunden worden sein.

Eigenschaften der Frucht
Baumreife: Ende August
Genussreife: ab August
Haltbarkeit: 1–2 Wochen

Die Früchte sind klein, manchmal mittelgroß. Die Fruchtschale ist sehr zart, die grüne Grundfarbe wird bei zunehmender Reife heller. Auf der Sonnenseite mit zahlreichen roten Punkten so dicht besetzt, dass eine braunrote Färbung entsteht.
Das Fruchtfleisch ist grünlich weiß, etwas körnig, sehr saftreich und von würzigem Geschmack.

Blüh- und Befruchtungsverhältnisse
Die Blüte erscheint früh, hält lange an und ist gegen Nässe und kaltes Wetter nicht empfindlich. Guter Pollenspender.

Eigenschaften des Baumes
Mittelstark und sehr harmonisch wachsend. Dadurch als Hausbaum sehr gut geeignet. Die Sorte stellt nur bescheidene Ansprüche an den Boden und ist gegen Schädlinge und Krankheiten widerstandsfähig. Das Aroma bildet sich in warmen Lagen am besten aus. Da die Früchte schon vom Baum weg genießbar sind, ist die Sorte für den frei stehenden Anbau nur bedingt geeignet.
Eine ausgezeichnete, aromatische Sommerbirne, die sich auch sehr gut für die Konservierung, vor allem für das Dörren eignet.
Erziehung: Vorwiegend als höhere Baumformen, aber auch als Spalier und Busch geeignet.

Vereins Dechantsbirne

Die Sorte stammt aus Angères in Frankreich.

Eigenschaften der Frucht
Baumreife: Mitte bis Ende Oktober
Genussreife: ab Ende Oktober
Haltbarkeit: bis Anfang Dezember

Die Frucht ist mittelgroß bis groß und etwas bauchig. Die gelbe Schale besitzt eine rotbräunliche Deckfarbe. Das Fruchtfleisch ist sehr edel. Die Früchte hängen fest am Baum, deshalb nicht zu früh ernten.

Blüh- und Befruchtungsverhältnisse
Mittelspäte Blüte, weniger widerstandsfähig gegen Witterungseinflüsse. Guter Pollenspender.

Eigenschaften des Baumes
Wegen des späten Fruchtansatzes in den Anfangsjahren nicht allzu stark schneiden. Im Holz ziemlich frosthart. Anbau möglichst in warmen Gebieten. Unter ungünstigen Klima- und Bodenverhältnissen nur als Spalier für warme Mauerwände zu empfehlen.
Eine der edelsten Tafelbirnen für klimatisch günstige Verhältnisse.
Erziehungsformen: Vor allem als Buschbaum und Viertelstamm.

Williams Christbirne

Die Sorte stammt aus England. Aus ihr entstand auch eine rote Sorte.

Eigenschaften der Frucht
Baumreife: Mitte August
Genussreife: ab Ende August
Haltbarkeit: eine Woche

Die große Frucht ist gekennzeichnet durch leichte Falten vom Kelch bis zur Fruchtmitte. Das Fruchtfleisch ist gelblich weiß und sehr aromatisch. Die Ernte kann 7 bis 10 Tage vor der Vollreife erfolgen.
Die Frucht reift gut nach, dadurch kann die Lagerfähigkeit etwas verlängert werden.

Blüh- und Befruchtungsverhältnisse
Kurz anhaltende, mittelfrühe Blüte, die gegen ungünstiges Wetter wenig empfindlich ist. Guter Pollenspender.

Eigenschaften des Baumes
Die Sorte verlangt guten, nährstoffreichen und tiefgründigen Boden. Die Frostwiderstandsfähigkeit des Holzes ist sehr gering. Die Fruchtbarkeit beginnt sehr früh und ist regelmäßig. Zeitweise Verjüngung beugt vorzeitiger Vergreisung vor.
In klimatisch günstigen Gebieten eine beliebte Sorte. Beim Einmachen bleibt das Fruchtfleisch weiß. Gut geeignet für Wandspaliere.
Erziehungsformen: Für alle Baumformen geeignet.

Aus dem Verlagsprogramm

Obst

Wer die Vorteile der Sortenvielfalt nutzen will, benötigt keine schönfärberischen Beschreibungen, sondern sachliche Aussagen.
Die Bücher von Franz Mühl bieten sie:

Franz Mühl

Alte und neue Apfelsorten

325 Sorten. Altbewährte, alte, neue, Lokalsorten

21 x 20 cm, gebunden, 360 Seiten, 303 Farbbilder

Euro 19,90

Franz Mühl

Alte und neue Birnensorten, Quitten und Nashi

98 Birnen-, 21 Quitten- und 5 Nashisorten

21 x 20 cm, broschiert, 160 Seiten, 140 Farbbilder

Euro 11,00

Garten

Hermine Hofbauer

Verwertung von Obst und Gemüse aus dem Garten

Beschrieben werden ausführlich alle häuslichen Verwertungsverfahren (Gärung, Trocknen, Tiefgefrieren, Einlegen, Heiß einfüllen) für alle Gartenprodukte. Dazu gibt es Hinweise für den richtigen Erntezeitpunkt, die Lagerung und natürlich viele bewährte Rezepte.

21 x 20 cm, 168 Seiten, 154 Farbbilder

Euro 13,00

Ökologie

Helmut u. Margrit Hintermeier

Streuobstwiesen Lebensraum für Tiere

Durch ihren einmaligen Strukturreichtum und ihre extensive Bewirtschaftung zählen hochstämmige Streuobstwiesen zu den artenreichsten Lebensräumen. Bis zu 3.000 Tierarten konnten beobachtet werden. Die wichtigsten werden vorgestellt.

21 x 20 cm, 216 Seiten, 403 Farbbilder, 30 Bildtafeln

Euro 14,50

Die Garten- und Versandbuchhandlung des Obst- und Gartenbauverlages

- Über 2.000 verschiedene Fachbücher
- Modernes Antiquariat
- Qualitäts-Gartenwerkzeuge, Saatgut
- Fachzeitschrift »Der praktische Gartenratgeber«

Obst- und Gartenbauverlag des Bayerischen
Landesverbandes für Gartenbau und Landespflege e. V.
Herzog-Heinrich-Straße 21 · 80336 München
Telefon (0 89) 54 43 05-14/15 · Fax (0 89) 54 43 05 41
E-Mail bestellung@gartenbauvereine.org
Online-Shop www.gartenratgeber.de/shop

U-Bahnstation Goetheplatz, Parkplätze direkt vor dem Haus
Öffnungszeiten: Mo bis Do 8 – 15 Uhr, Fr 8 – 12 Uhr